Hafiz Muhammad Tahir
Raheela Mustafa

Enzimas de desintoxicação de insecticidas em Periplaneta americana Linnaeus

Hafiz Muhammad Tahir
Raheela Mustafa

Enzimas de desintoxicação de insecticidas em Periplaneta americana Linnaeus

Enzimas desintoxicantes de insecticidas

ScienciaScripts

Imprint

Cover image: www.ingimage.com

This book is a translation from the original published under ISBN 978-3-659-82878-2.

Publisher:
Sciencia Scripts
is a trademark of
Dodo Books Indian Ocean Ltd. and OmniScriptum S.R.L publishing group

120 High Road, East Finchley, London, N2 9ED, United Kingdom
Str. Armeneasca 28/1, office 1, Chisinau MD-2012, Republic of Moldova, Europe
Printed at: see last page
ISBN: 978-620-8-35587-6

ÍNDICE DE CONTEÚDOS

"Alá vira a noite e o dia, porque nisto há uma lição para os que têm visão."

(Sura, Al-Nor: 44)

(Al-Quran)

"Deus, os Seus ângulos e todos os que estão nos céus e na terra, até as formigas nos seus montes e os peixes na água, abençoam aqueles que instruem os outros no conhecimento benéfico."

(Al-Tirmidhi, Hadith 422)

DEDICADO

TO

PAIS E FAMILIARES

Resumo

O presente estudo foi concebido com o objetivo de estimar a atividade das enzimas de desintoxicação de insecticidas em diferentes populações de *Periplaneta americana*. Para verificar a suscetibilidade dos organismos modelo, foram efectuados testes de bioensaios residuais. Os bioensaios revelaram que todas as populações testadas eram susceptíveis à λ-cialotrina e ao clorpirifos e resistentes ao malatião. A fim de descobrir o mecanismo mais provável envolvido no desenvolvimento da resistência, foi registada a atividade de várias enzimas de desintoxicação. Foram adoptados os métodos de Van Asperen (1962), Habig et al. (1947) e Vulule et al. (1999) para a estimativa de esterases não específicas, GSTs e monooxigenases. Foi registada uma atividade elevada destas enzimas em todas as populações tratadas quando comparadas com os grupos de controlo. Esta atividade mais elevada é a possível razão para a resistência ao malatião. Embora as populações testadas fossem susceptíveis à λ-cialotrina e ao clorpirifos, registou-se um nível relativamente elevado de enzimas nessas populações. Este nível elevado de enzimas é um indicador fiável do desenvolvimento futuro de resistência em *Periplaneta americana contra* estes insecticidas.

Palavras-chave: *Periplaneta americana,* Resistência, enzimas de desintoxicação de insecticidas.

Capítulo 1 INTRODUÇÃO

A Periplaneta americana L. (Insecta: Blattidae) é uma das pragas alimentares e residuais mais graves em todo o mundo (Agrawal & Tilak, 2006). São notoriamente resistentes e muito difíceis de controlar (Service, 2004). A sua infestação causa principalmente febre tifoide, diarreia, disenteria e lepra (Jacobs, 2002). Além disso, também transportam ovos de vermes e podem causar reacções alérgicas (Jacobs, 2002; Stankus et al., 1990). Uma forte infestação de baratas pode ser gerida eficazmente através de medidas de controlo químico. A aplicação de insecticidas é eficaz por períodos de curta duração, que vão de vários dias a meses. Depende também da eficácia do inseticida e do seu modo de ação no substrato em que é depositado. A utilização repetida e prolongada de insecticidas provocou resistência nas baratas, que ocupam o segundo lugar em termos de resistência, a seguir às moscas domésticas (Vatandoost & Mousai, 2001). Por conseguinte, a utilização de combinações de insecticidas é considerada a estratégia mais eficaz para controlar as baratas (Nasirian et al., 2006; Nasirian, 2007, 2008).

Os organofosforados são tióis derivados dos ácidos fosfórico, fosfónico e fosfoiónico (Sogorb & Vilanova, 2002). Estes insecticidas provocam a fosforilação irreversível das esterases no SNC (Aldrige & Reiner, 1972). Os carbamatos são derivados do ácido carbâmico (Sogorb & Vilanova, 2002). Estes insecticidas inibem as acetilcolinaesterases (Fukuto, 1990). Os piretróides são de dois tipos: tipo I e II, e são formas sintéticas de piretrinas (Sogorb & Vilanova, 2002). São modificados para aumentar a toxicidade e a persistência. Estes insecticidas bloqueiam os canais de sódio no sistema nervoso dos insectos e têm propriedades insecticidas eficazes (Azizi et al., 2014; Verma et al., 2015).

O desenvolvimento da resistência aos insecticidas tornou-se uma preocupação séria em todos os insectos vectores de doenças emergentes dos seres humanos (Hemingway & Ranson, 2000). A resistência desenvolve-se quando a dose recomendada de insecticidas deixa de ser eficaz em circunstâncias normais (OMS, 1957). Diferentes grupos de insectos desenvolveram resistência aos insecticidas, como as pragas benéficas e as principais pragas das culturas (Nwane et al., 2009). Os mecanismos que contribuem para a resistência são os seguintes: comportamentais (redução das hipóteses de exposição do animal a compostos tóxicos), fisiológicos (através da diminuição da penetração cuticular e do armazenamento do inseticida) e aumento da desintoxicação metabólica (Liu & Yue, 2000). A redução da penetração cuticular proporciona proteção contra uma grande variedade de insecticidas (Oppennoorth, 1984). A desintoxicação metabólica dos insecticidas por enzimas é considerada um dos principais mecanismos de resistência aos insecticidas (Soderland, 2005). Tal pode dever-se à insensibilidade do local-alvo no sistema nervoso dos insectos (Karunaratne, 2005). De acordo com Damayanthi e Karunaratne (2005), as mutações pontuais altamente específicas são responsáveis pelo desenvolvimento de sítios-alvo insensíveis. Estudos sobre as actividades das proteases em várias partes do corpo de *P. Americana, S.lilloralis* e *P.brassicae* demonstraram o possível papel das enzimas protelíticas na resistência aos insecticidas (Saleem et al., 2010).

A resistência a locais alterados e a resistência metabólica são os dois principais mecanismos envolvidos na resistência aos insecticidas e desenvolvidos pelos insectos (Karunaratne & Weerakoon, 2007). O mecanismo de resistência metabólica implica um aumento qualitativo e quantitativo da atividade ou do nível das enzimas desintoxicantes responsáveis pela resistência aos insecticidas. As principais enzimas envolvidas na desintoxicação são as esterases não específicas, as glutatião S-transferases e as monooxigenases do citocromo P450 (Oppenoorth, 1984). O envolvimento destas enzimas na resistência aos insecticidas e, em particular, na resistência aos piretróides é evidente em muitos grupos de insectos, incluindo *P. americana* (Enayati & Hemingway, 2007; Enayati et al., 2003; Enayati & Hemingway, 2006; Hemingway et al., 2004; Hemingway, 2000; Kasai, 2000). As alterações quantitativas podem dever-se à sobre-expressão de genes e ao aumento do número de genes copiados ou à estabilidade do ARNm. As mutações genéticas são consideradas a principal causa das alterações qualitativas que resultam em actividades catalíticas mais elevadas contra os insecticidas (Hemingway et al., 2004).

Karunaratne (1998) sugeriu que, no mecanismo do sítio-alvo transformado (sítio-alvo não reativo), o sítio de ligação do inseticida é modulado, o que reduz a interação com a molécula do inseticida. A alteração do sítio-alvo é crucial, uma vez que é necessária uma ligação específica bem sucedida para que o inseto desempenhe todas as suas funções fisiológicas normais no seu corpo. Muitas destas alterações envolvem uma única substituição na sequência de aminoácidos da proteína presente no sítio alvo (Karunaratne, 1998; Soderland, 2005).

As esterases são as enzimas mais importantes para a desintoxicação de insecticidas nos insectos (Devonshire, 1991; Hemingway, 2000; Hsu et al., 2004) e pensa-se que a sua maior atividade é um dos principais mecanismos de resistência aos insecticidas. As ligações carboxiléster e fosfotriéster presentes nos piretróides carbamatos e OP estão sujeitas ao ataque de enzimas esterase. O mecanismo de resistência à esterase-base em *C. quinquefasciatus* foi detectado em mais de 80% dos mosquitos *Culex* em todo o mundo (Hemingway & Karunaratne, 1998; Hemingway & Ranson, 2000).

As esterases dos insectos têm uma caraterística única de polimorfismo (Brattsten, 1992; Dauterman, 1985). A resistência aos piretróides foi registada em *Culex* e *Anopheles* da América do Sul, Sudão, Sri Lanka, Nigéria, Burkina Faso, Egito, Guatemala, EUA, Turquia e Síria (Malcolm, 1988; OMS, 1992). A molécula do local-alvo é protegida, quer reduzindo a toxicidade dos insecticidas, quer ligando-se competitivamente aos locais reactivos (Ishaaya, 1993). Os insecticidas são capazes de clivar ou hidrolisar grupos funcionais orgânicos, como ésteres, triésteres, halogenetos, amidas e péptidos (Dauterman, 1983).

As esterases estão envolvidas na degradação de um grande número de substratos diferentes. Todas as esterases, juntamente com a molécula de água, são capazes de quebrar ligações éster e, como a maioria dos insecticidas possui ligações éster, são mais propensos à degradação por esterase (Karunaratne, 1998; Nordhus, 2005). Na maioria dos casos, os mecanismos de resistência devem-se a um aumento do nível de produção de esterase (Scott, 1995). Este processo de produção aumentada de esterase é conhecido nos mosquitos, moscas domésticas, ácaros, moscas brancas e baratas alemãs, respetivamente (Ahmed & Wilikins, 2002; Hemingway & Karunaratne, 1998; Nordhus, 2005).

As glutatião S-transferases fazem parte de um grupo diversificado de enzimas intracelulares presentes intracelularmente, responsáveis pela desintoxicação de compostos exportados ou gerados internamente (Enayti et al., 2007; Gui et al., 2009; Yang et al., 2007), tornando os produtos mais excretáveis e solúveis em água (Habig, 1974) e catalisando a conjugação de compostos lipofílicos das GSTs em locais reactivos (Habig et al, 1974). As GSTs têm uma ampla capacidade de especificidade de substrato, incluindo bases de ADN reactivas, hidroperóxidos orgânicos, epóxidos e carbonilos insaturados reactivos. Estes produtos químicos podem ser o subproduto produzido durante o stress oxidativo (Hayes & Pulford, 1995). Assim, as GST desempenham um papel vital na proteção dos tecidos contra o stress oxidativo e os danos (Enayti et al., 2005).

As GSTs dos insectos têm interesse principalmente devido ao seu papel na resistência aos insecticidas. Estão envolvidas na O-desalquilação ou O-desarilação de insecticidas organofosforados (Hayes et al., 1998). Existem dois grupos de GST nos insectos (Hemingway, 2000), as microssomais e as citosólicas (Jakobsson et al., 1999; Pearson, 2005). As GST microssomais dos insectos são proteínas triméricas ligadas à membrana e as suas actividades de conjugação são semelhantes às das GST citosólicas (Gakuta & Toshiro, 2000; Pearson, 2005; Prabhu et al, 2001). Na resistência aos insecticidas, as GST citosólicas foram consideradas responsáveis (Enayti et al., 2005; Hemingway et al., 2004; Ranson & Hemingway, 2005). Verificou-se que as GST dos insectos estão presentes no intestino médio (Tate et al., 1982; Synder et al., 1995), no corpo adiposo (Chein & Dauterman, 1991), na hemolinfa e noutros tecidos corporais (Feyereisen, 2005). A atividade reforçada das Gsts encontra-se no intestino médio e no corpo adiposo dos insectos (Enayti et al., 2005) e desempenha um papel importante na resistência aos insecticidas (Hemingway, 2000).

Os citocromos P450 também pertencem ao maior e mais diversificado grupo de genes que se encontram em abundância em vários tecidos de muitos organismos, incluindo mamíferos, peixes, fungos, plantas e bactérias. Considera-se que os citocromos P450s estão envolvidos na ativação, disposição e desintoxicação de substâncias químicas, tais como medicamentos, toxinas de plantas, insecticidas e mutagénicos. Os compostos endógenos são metabolizados por eles, como os esteróides, os ácidos gordos e as hormonas. A regulação e a expressão do gene P450 podem afetar significativamente a disposição de xenobióticos ou a toxicidade de compostos produzidos endogenamente nos tecidos dos organismos (Pavek & Dvorak, 2008).

Sabe-se que os citocromos P450 dos insectos desempenham um papel vital na redução da toxicidade dos insecticidas (Feyereisen, 2005; Scott, 1999), o que, consequentemente, torna os animais mais resistentes aos insecticidas (Feyereisen, 2005; Kasai et al., 2000) e facilita a adaptação dos insectos às suas plantas hospedeiras (Li et al., 2002; Wen et al., 2003). Uma caraterística importante dos P450s encontrados nos insectos é o seu envolvimento na desintoxicação reforçada de insecticidas através de vias metabólicas. Nos insectos resistentes aos insecticidas, os níveis elevados de P450 e a sua atividade resultam da sobreexpressão transcricional dos genes P450 (Daborn et al., 2002; Feyereisen, 2005).

Outra caraterística importante é o facto de alguns produtos químicos endógenos e exógenos estarem envolvidos na expressão de alguns genes do P450 durante a indução (Feyereisen, 2005). Pensa-se que a indução de P450s e das suas actividades é responsável por facilitar a adaptação dos insectos ao seu ambiente e desenvolver a sua resistência aos insecticidas.

Pensa-se que muitos insectos têm alguma capacidade para reduzir a toxicidade dos xenobióticos, mas a sua sobrevivência está provavelmente relacionada com a medida em que metabolizam e desintoxicam os insecticidas num ambiente quimicamente difícil (Feyereisen, 2005) e com a resistência que é desenvolvida. Pensa-se que o aumento da indução e da expressão de P450s está envolvido na atividade acrescida de desintoxicação de insecticidas. Mas, ao contrário da indução de genes P450, que estão ligados à resistência e foram amplamente estudados, os xenobióticos que induzem genes P450, especialmente o fenobarbital, não estão diretamente envolvidos na resistência aos insecticidas (Bautista et al., 2007). Foi sugerido que os substratos para P450 são indutores químicos, que estão envolvidos na modulação e indução de substratos P450, aumentando significativamente o metabolismo dos substratos. A modulação da expressão genética mostra uma correlação entre a necessidade do inseto de se adaptar a um ambiente em rápida mutação e de conservar energia, aumentando a atividade de desintoxicação de insecticidas que é activada por produtos químicos (Saleem et al., 2010).

No Paquistão, *a P. americana* é uma espécie muito comum, é vetor de muitas doenças fatais e destrói agregados familiares (Saleem et al., 2010). Vários estudos mostraram que a avaliação e a análise entre diferentes doses de insecticidas e a resistência dos insectos aos insecticidas podem ser monitorizadas para ultrapassar o problema.

OBJECTIVOS DO ESTUDO

O presente estudo foi efectuado com o objetivo de investigar as seguintes preocupações

1. Testar a suscetibilidade de *P. Americana* contra o malatião, a λ-cialotrina e o clorpirifos.

2. Estimar o nível de enzimas de desintoxicação de insecticidas (esterases, monooxigenases, glutationa-S-transferases) em P. *Americana.*

3. Comparar os níveis de enzimas de desintoxicação de insecticidas entre grupos resistentes e susceptíveis.

Capítulo 2 MATERIAIS E MÉTODOS

Locais de amostragem

As amostras de animais foram recolhidas nas cidades de Lahore e Sargodha. Em cada distrito, foram selecionadas duas localidades para amostragem. Estas são as zonas populares das respectivas cidades, mas são pouco privilegiadas devido a duas razões principais: eliminação inadequada dos resíduos e sistema de tratamento ineficaz. A população de baratas destas localidades está exposta a diferentes insecticidas. Os pormenores de cada localidade são os seguintes

Colónia de Meher

Esta colónia está situada na estrada P.A.F., a 5,6 km S/W da Universidade de Sargodha. Na sua periferia existem campos agrícolas, mercados e restaurantes. As habitações desta zona são frequentemente pulverizadas com insecticidas para controlo de insectos voadores e rastejantes pelos habitantes.

Aziz Bhatti Cidade

Esta cidade está situada a 6,7 km a noroeste da Universidade de Sargodha. É densamente povoada e tem campos agrícolas, restaurantes e o canal principal nas suas imediações. Esta zona tem um historial de pulverização frequente com diferentes insecticidas.

Cidade de Iqbal

Encontra-se a 4,6 km N/E da Universidade do Punjab em Lahore. Nas imediações desta localidade, existem vários hotéis, restaurantes e mercados. A densidade populacional desta zona é de 1464 habitantes e aqui são frequentemente pulverizados diferentes insecticidas para o controlo dos insectos domésticos.

Cidade de Al-Faisal

Esta área está localizada a 14,6 km N/E da Universidade do Punjab e a sua densidade populacional é de 33693. Na periferia, existem campos agrícolas e restaurantes. Os residentes desta cidade estão a tratar os insectos domésticos com diferentes insecticidas recomendados por empresas de controlo de pragas para eliminar a sua infestação.

Amostragem

As amostras foram colhidas nas habitações de localidades selecionadas, utilizando luzes de flash. Os animais recolhidos foram mantidos em frascos de vidro (12 cm x 10 cm) e as bocas dos frascos foram cobertas com um pano de rede. Foram levados para o laboratório e divididos em dois grupos: um grupo foi submetido a bioensaio em adultos, enquanto o segundo foi congelado a -20°C para posterior estimativa bioquímica de esterases, monooxigenases e glutationa S transferases. Só foram utilizados na experiência animais adultos do mesmo tamanho.

Teste de bioensaio em adultos

Teste de bioensaio residual

Foram aplicadas três concentrações diferentes de insecticidas vulgarmente utilizados para realizar bioensaios residuais. Para o malatião, foi utilizada meia dose de campo (285mg/ml), dose de campo recomendada (570mg/ml) e dose de campo dupla (1140mg/ml), e para a λ-cialotrina, dose de campo (1.562mg/ml), 1/10th (0,156mg/ml), 1/20th (0,078mg/ml) e dose de campo de clorpirifos (4,80mg/ml), 1/10th (0,48mg/ml) e 1/20th (0,24mg/ml). Este teste foi realizado para verificar a suscetibilidade de *P. americana* aos insecticidas. Os animais foram divididos em grupo de controlo e grupo tratado (n=20 em cada grupo). Todos os animais experimentais foram alimentados de modo a satisfazer o seu apetite antes da aplicação dos insecticidas. Em seguida, os animais do grupo tratado foram introduzidos em recipientes revestidos com papel de filtro impregnado de inseticida. O grupo de controlo foi tratado apenas com papel de filtro impregnado de água. As baratas foram transferidas para os frascos limpos, cobertos com um pano de rede, após terem sido expostas aos tratamentos durante uma hora. A mortalidade foi registada após 2, 4, 8, 12, 16, 18 e 24 horas de exposição em ambos os grupos. Foram utilizadas três réplicas para cada concentração de inseticida.

Produtos químicos

Alfa naftol, dodecilsulfato de sódio (SDS) (Panreac), tampão de fosfato de sódio (Sigma Aldrich), glutatião reduzido (GHT) (Merck), beta naftol, albumina de soro bovino (BSA), acetato de alfa naftilo (substrato A) (Alfa Aesar), sal de azul rápido B (FBB) (Fluka chemie AG),1-cloro-2,4-dinitrobenezeno (CDNB) (Sigma-aldrich), acetato de beta naftilo (substrato B) (Sigma chemical), reagente de Bradford/azul brilhante de Coomassie G-250 (bio Pus Fine Research chemicals), citocromo C, 3,3,5',5'-tetrametilbenzidina (TMBZ)

(Sigma-aldrich), ácido fosfórico (85%), etanol, peróxido de hidrogénio (3%), tampão fosfato de potássio e tampão acetato de sódio.

Insecticidas

Malatião, Clorpirifos, Lambda-cialotrina.

Preparação de enzimas

As baratas macho adultas foram imobilizadas por congelação a -20°C durante 30 minutos, por ordem. Posteriormente, as suas cabeças foram excisadas. A parte restante do corpo de cada barata foi descartada e a cabeça de cada barata foi homogeneizada em 600 µl de tampão fosfato (100 mM, PH 7,0, 0,01% p/v de Triton X-100), separadamente. Esta mistura em bruto foi centrifugada durante cinco minutos a 13000 rpm. O sobrenadante resultante foi recolhido e o sedimento foi eliminado. Este sobrenadante foi utilizado para a estimativa bioquímica de enzimas selecionadas, ou seja, esterases inespecíficas (alfa e beta), glutationa-S-transferases (GST), monooxigenases e proteínas totais. Este sobrenadante foi então conservado a -21°C para estimativas posteriores.

Estimativa bioquímica de enzimas desintoxicantes

Estimativa bioquímica de esterases

O método descrito por Van Asperen (1962) foi adotado para estimar os níveis de esterases não específicas. Os substratos enzimáticos utilizados foram o acetato de alfa naftilo (substrato A) e o acetato de beta naftilo (substrato B). A mistura de reação inclui uma solução de substrato 0,1M (60 µl; substrato A para alfa esterase e substrato B para beta esterase), sobrenadante de homogenato (60 µl) e tampão fosfato 0,1M (1440 µl). A solução de amostra para referência confinou 1500 µl de tampão fosfato e 60 µl de solução de substrato e. Em seguida, eles foram incubados por 30 minutos a 37°C. Após a incubação, foi adicionado um ml de uma mistura de 5% de dodecil sulfato de sódio (SDS) e 1% de sal FBB na proporção 5:2 para cessar a reação. Após 15 minutos, estas soluções foram transferidas para cuvetes de 4 ml. As densidades ópticas foram registadas para o acetato de alfa naftilo no comprimento de onda de 620 nm e para o acetato de beta naftilo a 545 nm, utilizando o espetrofotómetro (UV-1700). A densidade ótica da referência foi deduzida da densidade ótica da solução da amostra que contém o sobrenadante. As concentrações reais foram estimadas comparando os valores remanescentes (DO) com os valores das curvas padrão de alfa e beta naftol, respetivamente. A estimativa enzimática foi expressa em nmol de produto formado/minuto por mg de enzima.

Estimativa bioquímica das glutatião-transferases

A reatividade das Glutationa S-trasferases ao cloro-2, 4-dinitrobenezeno (CDNB) foi calculada de acordo com o método descrito por Habig et al, (1974). O volume total da mistura de reação continha 50 µl 1,0 mM de 1-cloro-2,4-dinitrobenzeno (CDNB), 100 µl 1,0 mM de glutatião reduzido, 50 µl de sobrenadante e 2,5 ml de tampão fosfato (100 mM, PH 7,0). A solução de referência para a mistura de reação continha 2,5 ml de tampão fosfato (100 mM, PH 7,0), 50 µl de CDNB 1,0 mM e glutatião reduzido 1,0 mM (100 µl). Após cinco minutos de incubação, a absorvância foi medida a 340 nm. A concentração real foi calculada a partir da absorvância observada, utilizando um coeficiente de extinção (ε) de 9,6 mM/cm para o conjugado GSH-CDNB. A fórmula seguinte foi utilizada para o cálculo da concentração unitária:

AB\S (aumento em 5 min) x 3 x 1000 Conjugado GSH-CDNB- formado em nM

/mg de proteína /min9   ,6 x 5 x proteína em mg

Estimativa bioquímica das monooxigenases

Para a determinação da atividade das monooxigenases, seguiu-se o método descrito por Vulule et al. (1999). A mistura de reação foi constituída por um ml de solução de 3,3, 5',5'- tetrametilbenzidina (TMBZ) (etanol, 5 ml; tampão de acetato de sódio 0,25 M, 15 ml; TMBZ, 0,01 g), 100 µl de homogenato, 150 µl de peróxido de hidrogénio a 3% e 500 µl de tampão de fosfato de potássio 0,625 M (PPB) a pH 7,0. A mistura para a solução de referência era composta por um ml de TMBZ, 600 µl de tampão PB 0,625 M (pH 7,0) 0 e 150 µl de peróxido de hidrogénio a 3%. As leituras foram registadas após dez minutos de incubação a 620 nm. As concentrações efectivas de monooxigenases foram calculadas comparando os valores com a curva padrão do citocromo C.

Ensaio de proteínas totais

A estimativa do teor total de proteínas foi efectuada utilizando o método de ligação de corantes de Bradford (1976). A mistura de reação continha 900 µl de tampão fosfato 100 nM (pH 7,0), 100 µl de sobrenadante e um ml de reagente de corante de Bradford. A mistura foi efectuada por inversão ou vórtex. A solução de referência para a mistura de reação continha um ml de reagente de corante de Bradford e um ml de tampão. Utilizou-se folha de alumínio para tapar a boca dos tubos de ensaio e incubou-se a 30°C durante cerca de 15 minutos. Quando a incubação terminou, as soluções foram mantidas durante cinco minutos para desenvolver a cor. Em seguida, a absorvância foi registada no comprimento de onda de 595nm. O valor de absorvância registado foi proporcional à quantidade de proteína presente. Utilizando a curva padrão de albumina de soro bovino (BSA), estimou-se a quantidade de proteína na amostra.

Análise estatística

Para comparar a atividade das enzimas desintoxicantes entre e dentro das populações, foi aplicada uma ANOVA de uma via utilizando o software SPSS (versão 13.0).

SOLUÇÕES PREPARADAS

Acetato de alfa naftilo (0,1 M)

Dissolveu-se o acetato de alfa naftilo, numa quantidade de 1,86 g, em 100 ml de metanol para obter a molaridade da solução necessária para a experiência.

Tampão de fosfato de sódio 0,1M

A solução-mãe A foi preparada misturando 8,9 g de fosfato de sódio dibásico em 0,5 L de água destilada e a solução B misturando 7,8 g de fosfato de sódio monobásico em 0,5 L de água destilada. Ambas as soluções foram misturadas enquanto se ajustava o pH a 7,0. Quando o pH necessário foi atingido, adicionaram-se 10 µl de Triton X-100.

Acetato de beta naftilo 0,1M

O acetato de beta naftilo (1,86 g) foi dissolvido em 100 ml de metanol para obter a solução com a molaridade necessária.

Glutatião reduzido (1mM)

A solução foi preparada adicionando 3,1 mg de glutatião reduzido em 10 ml de tampão fosfato 0,1M.

1mM 1-Cloro-2,4-dinitrobenzeno

2,1 mg de CDNB foram misturados em 10 ml de metanol de qualidade laboratorial.

Dodicil Sulfato de Sódio (5%)

Em 100 ml de água destilada foram adicionados 5 g de dodecil sulfato de sódio para preparar uma solução de SDS a 5%.

Reagente de Bradford

O reagente de Bradford foi preparado misturando etanol a 95% (50 ml) e Coomassie brilliant blue G-250 (100 mg). Em seguida, adicionaram-se a esta mistura 100 ml de ácido fosfórico (85%) e diluiu-se a solução com água destilada até 1 litro.

Tampão de acetato de sódio 0,25M

Dois gramas de CH3COONa foram misturados em 100 ml de água desionizada para preparar a solução A e, para a preparação da solução B, 1,4 ml de CH3COOH foram misturados com água desionizada para aumentar o volume final para 100 ml. Em seguida, a solução B foi adicionada à solução A para ajustar o seu pH a 5,4.

Tampão de fosfato de potássio 0,625 M

Dissolveram-se 2,7 g de hidrogenofosfato de potássio em 25 ml de água destilada para preparar a solução I, enquanto a solução II foi preparada misturando 2,1 g de di-hidrogenofosfato de potássio em 25 ml de água destilada. Ambas as soluções foram misturadas para ajustar o pH a 7,0.

3,3,5',5'-Tetrametil benzidina (TMBZ)

0,01 g de TMBZ, 15 ml de tampão de acetato de sódio 0,25 M (PH 5,0) e 5 ml de metanol foram misturados para preparar a solução necessária.

1% Fast Blue B Sal

A solução foi preparada dissolvendo 1g de sal FBB em 100ml de água destilada.

Capítulo 3 RESULTADOS

Bioensaio em adultos

O bioensaio revelou uma elevada mortalidade em todas as populações de baratas testadas contra diferentes concentrações de λ-cialotrina e clorpirifos. Todas as populações eram susceptíveis à taxa de campo, uma vez que foi registada uma mortalidade de 100% após 24 horas para ambos os insecticidas. No grupo de controlo, observou-se 0% de mortalidade (Quadro 1-8). No entanto, todas as populações eram resistentes a todas as concentrações de malatião testadas, como se pode ver no quadro 9-12. Não se registou qualquer mortalidade a metade da dose de campo (285mg/ml) e à dose de campo recomendada (570mg/ml) no espaço de 24 horas, ao passo que com o dobro da dose de campo (1140mg/ml) se observou uma mortalidade de até 70% (Quadro 9-12).

Quadro 1: *Percentagem de mortalidade em machos adultos recolhidos na cidade de Iqbal, Lahore, com diferentes concentrações de λ-cialotrina*

Concentrações de λ-cialotrina (mg/ml)	Mortalidade em homens adultos (%)						
	Tempo em horas						
	2	**4**	**8**	**12**	**16**	**20**	**24**
0,00 (controlo)	0	0	0	0	0	0	0
0.05	33.3	43.3	50.0	50.0	63.3	76.6	83.3
0.075	36.6	50.0	60.0	73.3	83.3	93.3	100
1.562	53.3	63.3	80.0	93.3	100	100	100

Table 2: *Percentagem de mortalidade em machos adultos recolhidos na cidade de Al-Faisal, Lahore, com diferentes concentrações de λ-cialotrina*

Concentrações de λ-cialotrina (mg/ml)	Mortalidade em homens adultos (%)						
	Tempo em horas						
	2	**4**	**8**	**12**	**16**	**20**	**24**
0,00 (controlo)	0	0	0	0	0	0	0
0.078	30	43.3	63.3	70.0	76.6	76.6	80.0
0.156	43.3	53.3	63.3	76.6	93.3	100	100
1.562	63.3	70.0	86.6	100	100	100	100

Table 3: *Percentagem de mortalidade em machos adultos recolhidos na cidade de Aziz bhatti, Sargodha, com diferentes concentrações de λ-cialotrina*

Concentrações de λ-cialotrina (mg/ml)	Mortalidade em homens adultos (%)						
	Tempo em horas						
	2	**4**	**8**	**12**	**16**	**20**	**24**
0,00 (controlo)	0	0	0	0	0	0	0
0.078	36.6	43.3	53.3	53.3	66.6	70.0	80.0
0.156	46.6	53.3	76.6	83.3	96.6	100	100
1.562	50.0	63.3	70.0	90.0	100	100	100

Table 4: *Percentagem de mortalidade em machos adultos recolhidos na colónia de Meher, Sargodha, com diferentes concentrações de λ-cialotrina*

Concentrações de λ-cialotrina (mg/ml)	Mortalidade em homens adultos (%)						
	Tempo em horas						
	2	**4**	**8**	**12**	**16**	**20**	**24**
0.00(controlo)	0	0	0	0	0	0	0
0.078	33.3	36.6	46.6	50.0	50.0	60.0	70.0
0.156	56.6	66.6	80.0	90.0	96.6	100	100
1.562	63.3	76.6	96.6	100	100	100	100

Table 5: *Percentagem de mortalidade em machos adultos recolhidos na cidade de Iqbal, Lahore, com diferentes concentrações de clorpirifos*

Concentrações de clorpirifos (mg/ml)	Mortalidade em homens adultos (%)						
	Tempo em horas						
	2	**4**	**8**	**12**	**16**	**20**	**24**
0,00 (controlo)	0	0	0	0	0	0	0
0.24	36.6	46.6	60.0	70.0	83.3	86.6	93.3
0.48	56.6	80.0	93.3	100	100	100	100
4.80	90.0	96.6	100	100	100	100	100

Quadro 6: *Percentagem de mortalidade em machos adultos recolhidos na cidade de Al-Faisal, Lahore, com diferentes concentrações de clorpirifos*

Concentrações de clorpirifos (mg/ml)	Mortalidade em homens adultos (%)						
	Tempo em horas						
	2	4	8	12	16	20	24
0,00 (controlo)	0	0	0	0	0	0	0
0.24	50.0	56.6	66.6	83.3	93.3	100	100
0.48	80.0	88.0	96.6	100	100	100	100
4,80 (taxa de campo)	93.3	100	100	100	100	100	100

Table 7: *Percentagem de mortalidade em machos adultos recolhidos na cidade de Aziz bhatti, Sargodha, com diferentes concentrações de clorpirifos*

Concentrações de clorpirifos (mg/ml)	Mortalidade em homens adultos (%)						
	Tempo em horas						
	2	4	8	12	16	20	24
0,00 (controlo)	0	0	0	0	0	0	0
0.24	33.3	46.6	56.6	63.3	80	96.6	100
0.48	70.0	83.3	96.6	100	100	100	100
4,80 (taxa de campo)	93.3	100	100	100	100	100	100

Table 8: *Percentagem de mortalidade em machos adultos recolhidos na colónia de Meher, Sargodha, com diferentes concentrações de clorpirifos*

Concentrações de clorpirifos (mg/ml)	Mortalidade em homens adultos (%)						
	Tempo em horas						
	2	4	8	12	16	20	24
0,00 (controlo)	0	0	0	0	0	0	0
0.24	33.3	36.6	46.6	60.0	76.6	80.0	96.6
0.48	76.6	86.6	93.3	100	100	100	100
4,80 (taxa de campo)	96.6	100	100	100	100	100	100

Table 9: *Percentagem de mortalidade em machos adultos recolhidos na cidade de Iqbal, Lahore, com diferentes concentrações de malatião*

Concentrações de malatião (mg/ml)	Mortalidade em homens adultos (%)						
	Tempo em horas						
	2	4	8	12	16	20	24
0,00 (controlo)	0	0	0	0	0	0	0
285	0.0	0.0	0.0	0.0	0.0	0.0	0.0
570 (taxa de campo)	0.0	0.0	0.0	0.0	0.0	0.0	0.0
1140	20.0	33.3	46.6	60.0	60.0	66.6	73.3

Quadro 10: *Percentagem de mortalidade em machos adultos recolhidos na cidade de Al-Faisal, Lahore, com diferentes concentrações de malatião*

Concentrações de malatião (mg/ml)	**Mortalidade em homens adultos (%)**						
	Tempo em horas						
	2	**4**	**8**	**12**	**16**	**20**	**24**
0.00(controlo)	0	0	0	0	0	0	0
285	0.0	0.0	0.0	0.0	0.0	0.0	0.0
570(taxa de campo)	0.0	0.0	0.0	0.0	0.0	0.0	6.6
1140	33.3	46.6	53.3	60.0	66.6	73.3	76.6

Quadro 11: *Percentagem de mortalidade em machos adultos recolhidos na cidade de Aziz bhatti, Sargodha, com diferentes concentrações de malatião*

Concentrações de malatião (mg/ml)	**Mortalidade em homens adultos (%)**						
	Tempo em horas						
	2	**4**	**8**	**12**	**16**	**20**	**24**
0,00 (controlo)	0	0	0	0	0	0	0
285	0.0	0.0	0.0	0.0	0.0	0.0	0.0
570 (taxa de campo)	0.0	0.0	0.0	0.0	0.0	0.0	10.0
1140	10.0	20.0	26.6	33.3	43.3	53.3	60.0

Quadro 12: *Percentagem de mortalidade em machos adultos recolhidos na colónia de Meher, Sargodha, com diferentes concentrações de malatião*

Concentrações de malatião (mg/ml)	**Mortalidade em homens adultos (%)**						
	Tempo em horas						
	2	**4**	**8**	**12**	**16**	**20**	**24**
0,00 (controlo)	0	0	0	0	0	0	0
285	0.0	0.0	0.0	0.0	0.0	0.0	0.0
570 (taxa de campo)	0.0	0.0	0.0	0.0	0.0	0.0	0.0
1140	20.0	30.0	33.3	43.3	46.6	56.6	60.0

Estimativa bioquímica de enzimas desintoxicantes

Atividade das enzimas desintoxicantes em diferentes populações de *P. Americana*

Atividade das α eaterases em diferentes populações de *P. Americana*

A diferença de atividade das α esterases entre o controlo (df= 3, 76; F= 209,794; P<0,001), a λ-cialotrina (df= 3, 76; F= 543,642; P<0,001), o malatião (df= 3, 76; F= 1000.818; P<0.001) e Clorpirifos (df= 3, 76; F= 19.2.203; P<0.001) trataram grupos de baratas machos das quatro populações foi altamente significativo (Figura 1).

Atividade das β-eaterases em diferentes populações de *P. Americana*

A atividade das β esterases entre o grupo de controlo (df= 3, 64; F= 543,353; P<0,001) e os grupos tratados com λ-cialotrina (df= 3, 64; F= 491,828 P<0.001), Malathion (df= 3, 64; F= 2034,277; P<0,001) e Clorpirifos (df= 3, 64; F= 1554,576 P<0,001) de todas as populações testadas também diferiram significativamente (Figura 2).

Atividade da GST em diferentes populações de *P. Americana*

Entre o controlo (df= 3, 76; F=180,999; P<0,001), a λ-cialotrina (df=3, 76; F= 206,221; P<0,001), o malatião (df= 3, 76; F= 226,858; P<0.001) e Clorpirifos (df= 3, 76; F=135,553; P<0,001) dos grupos tratados das quatro populações, a atividade da GST difere estatisticamente (Figura 3).

Atividade das monooxigenases em diferentes populações de *P. Americana*

A atividade das monooxigenases entre os animais do grupo de controlo (df= 3, 56; F= 97,914; P<0,001), λ-cialotrina (df= 3, 56; F= 184,764; P<0,001), Malatião (df= 3, 56; F= 9.945; P<0,001) e Clorpirifos (df= 3, 56; F= 124,153; P<0,001) dos grupos tratados de todas as populações utilizadas no estudo, foi altamente significativo (Figura 4).

Níveis de proteína total entre diferentes populações de *P. Americana*

A diferença no nível de proteína total entre os grupos tratados com controlo (df= 3, 76; F= 186,194; P<0,001), λ-cialotrina (df= 3, 76; F= 816,769; P<0,001), Malatião (df= 3, 76; F= 127,253; P<0,001) e Clorpirifos (df= 3, 76; F=48,420; P<0,001) de todas as populações foi significativa.

Figure 1: Atividade das α esterases em *P. americana* exposta a diferentes insecticidas entre diferentes populações.

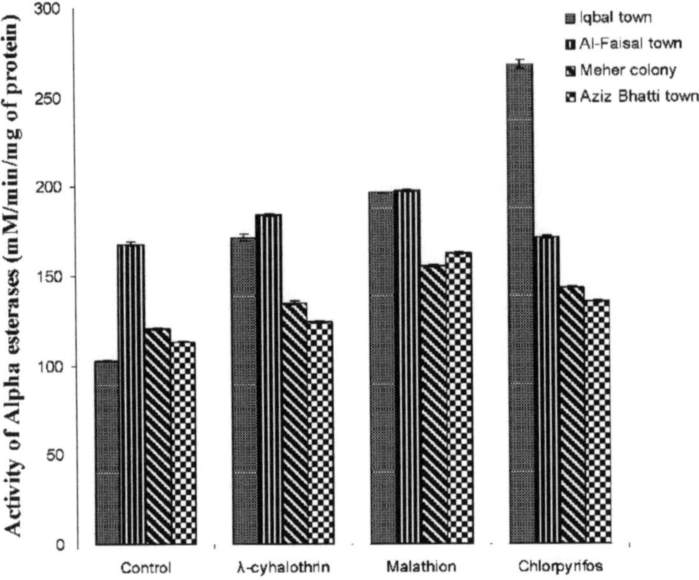

Figure 2: Atividade das β esterases em *P. americana* exposta a diferentes insecticidas entre diferentes populações.

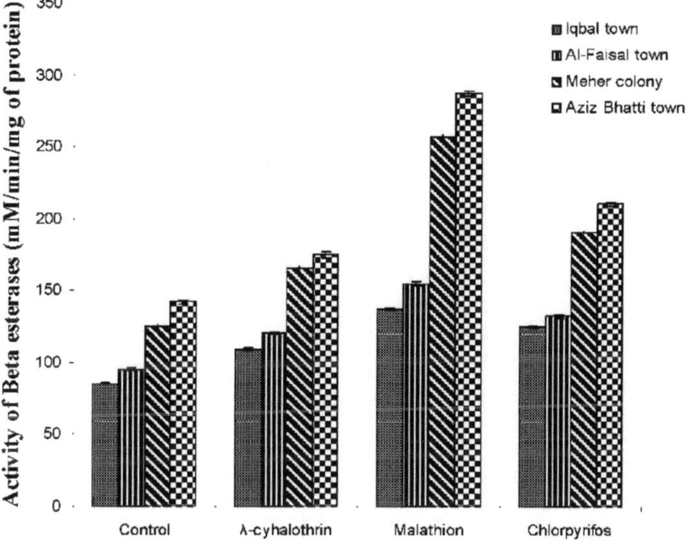

Figure 3: Atividade das Glutationa S transferases em *P. americana* exposta a diferentes insecticidas entre diferentes populações.

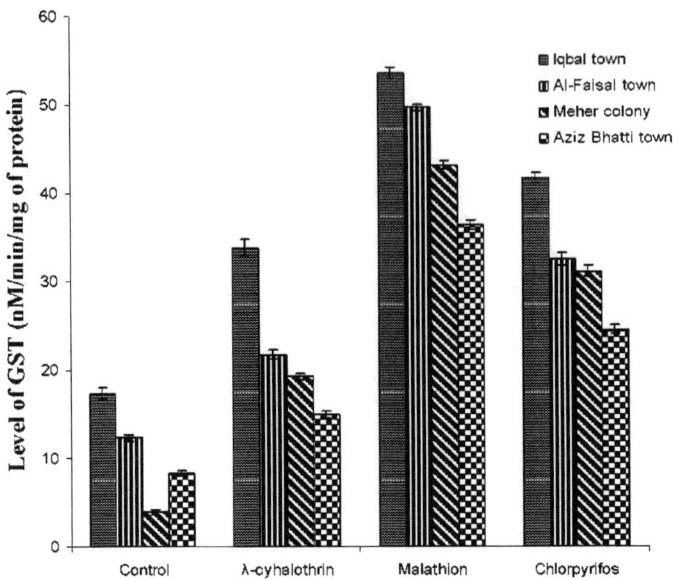

Figure 4: Atividade das monooxigenases em *P. americana* exposta a diferentes insecticidas entre diferentes populações.

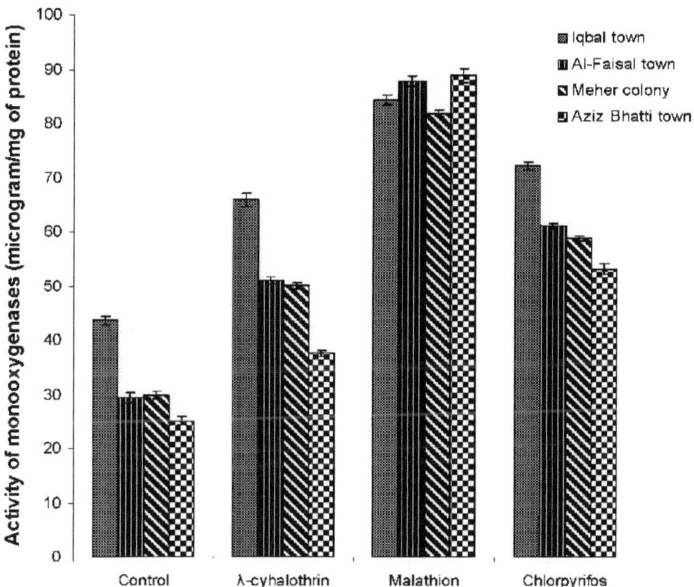

Figura 5: Nível de proteína em *P. americana* exposta a diferentes insecticidas entre diferentes populações.

Comparação da atividade das enzimas desintoxicantes em diferentes populações

A comparação das actividades das enzimas desintoxicantes nas diferentes populações é apresentada na Tabela 1-5. Os nossos resultados revelaram grandes variações nas actividades das enzimas nas diferentes populações. A diferença na atividade das α-esterases entre os grupos de controlo e tratados com inseticida não foi significativa para a população de Al-Faisal Town, enquanto que para todas as outras populações a atividade foi estatisticamente diferente. No que diz respeito às β-esterases, GST, monooxigenases e proteínas, a diferença nas actividades destas enzimas entre os grupos de controlo e tratados com inseticida em todas as populações foi estatisticamente superior.

Table 1:

Atividade das α esterases em P.americana exposta a doses sub-letais de diferentes insecticidas.

Tratamento	Cidade de Iqbal	Cidade de Al-Faisal	Colónia de Maher	Aziz Bhati Cidade
Água	$102,85^{a} \pm 0,633$	$168,2^{a} \pm 1,044$	$120,85^{a} \pm 0,519$	$113,35^{a} \pm 0,553$
Lambda-Cialootrina	$171,8^{ab} \pm 2,110$	$184,1^{a} \pm 0,743$	$134,9^{b} \pm 0,833$	$124,1^{b} \pm 0,619$
Malatião	$196,6^{ab} \pm 0,461$	$197,3^{a} \pm 0,703$	$155,3^{c} \pm 0,754$	$162,5^{c} \pm 0,828$
Clorpirifos	$268,1^{b} \pm 2,261$	$171,45^{a} \pm 0,708$	$143,3^{d} \pm 0,598$	$135,25^{d} \pm 0,631$
Valor Df	3, 76	3, 76	3, 76	3, 76
Valor F	2.749	0.281	443.915	1004.241
Valor de p	0.049	0.839	<0.001	<0.001

Table 2:

Atividade das β-esterases em P.americana exposta a doses sub-letais de diferentes insecticidas

Tratamento	Cidade de Iqbal	Cidade de Al-Faisal	Colónia de Maher	Aziz Bhati Cidade
Água	85,471[a] ±0,757	95,411[a] ±0,870	125,411[a] ±1,372	142,352[a] ±1,352
Lambda-Cialootrina	109,529[b] ±1,085	120,588[b] ±0,962	165,941[b] ±1,621	175,117[b] ±1,972
Malatião	137,294[c] ±1,218	155[c] ±0,585	256,764[c] ±1,921	287,058[c] ±1,756
Clorpirifos	124,823[d] ±0,916	132,470[d] ±0,943	191,294[d] ±0,726	210,764[d] ±1,556
Valor Df	3, 64	3, 64	3, 64	3, 64
Valor F	488.596	484.018	1390.943	1368.008
Valor de p	<0.001	<0.001	<0.001	<0.001

Table 3:

Atividade das glutationas S transferases em P.americana expostas a doses sub-letais de diferentes insecticidas

Tratamento	Cidade de Iqbal	Cidade de Al-Faisal	Colónia de Maher	Aziz Bhati Cidade
Água	17,341[a] ±0,652	12,345[a] ± 0,392	3,954[a] ± 0,221	8,296[a] ± 0,304
Lambda-Cialootrina	33,848[b] ±0,895	21,758[b] ± 0,44	19,294[b] ±0,312	14,887[b] ± 0,429
Malatião	53,528[c] ±0,638	49,671[c] ± 0,369	43,169[c] ± 0,44	36,398[c] ± 0,511
Clorpirifos	41,728[d] ± 0,577	32,565[d] ± 0,671	31,13[d] ± 0,645	24,573[d] ± 0,522
Valor Df	3, 76	3, 76	3, 76	3, 76
Valor F	468.458	109.969	1482.757	737.135
Valor de p	<0.001	<0.001	<0.001	<0.001

Table 4:

Atividade das monooxigenases em P.americana exposta a doses sub-letais de diferentes insecticidas

Tratamento	Cidade de Iqbal	Cidade de Al-Faisal	Maher Colónia	Aziz Bhati Cidade
Água	$43,6^{a} \pm 0,826$	$29,333^{a} \pm 0,908$	$29,866^{a} \pm 0,689$	$25,066^{a} \pm 0,813$
Lambda-Cialootrina	$65,866^{b} \pm 1,362$	$51^{b} \pm 0,669$	$50,066^{b} \pm 0,589$	$37,6^{b} \pm 0,495$
Malatião	$84,333^{c} \pm 0,974$	$87,8^{c} \pm 0,931$	$81,933^{c} \pm 0,650$	$88,866^{c} \pm 1,358$
Clorpirifos	$72,2^{d} \pm 0,705$	$61,066^{d} \pm 0,613$	$58,8^{d} \pm 0,518$	$53,2^{d} \pm 0,952$
Valor Df	3, 56	3, 56	3, 56	3, 56
Valor F	292.799	935.473	1228.967	834.422
Valor de p	<0.001	<0.001	<0.001	<0.001

Table 5:

Nível de proteínas em P.americana exposta a doses sub-letais de diferentes insecticidas

Tratamento	**Cidade de Iqbal**	**Cidade de Al-Faisal**	**Maher Colónia**	**Aziz Bhati Cidade**
Água	210,75[a] ± 2,092	236,75[a] ± 2,244	187,3[a] ± 2,645	160,25[a] ± 2,551
Lambda-Cialootrina	377,5[b] ± 3,314	368,75[b] ± 3,01	263,25[b] ±1,894	215,25[b] ± 2,75
Malatião	466,25[c] ± 3,159	463[c] ± 4.205	392[c] ± 3,312	397,75[c] ± 3,544
Clorpirifos	318,75[d] ± 3,4	306,5[d] ± 3,592	298,25[d] ± 3,54	264,45[d] ± 2,719
Valor Df	3, 76	3, 76	3, 76	3, 76
Valor F	1244.737	825.886	846.266	1200.915
Valor de p	<0.001	<0.001	<0.001	<0.001

CAPÍTULO 4 DEBATE

É possível obter informações exactas sobre os mecanismos de resistência aos insecticidas através de bioensaios seguidos de testes bioquímicos (Enayati & Haghi, 2007). O presente estudo foi realizado para detetar indivíduos resistentes de *P. americana* nas várias populações e também para descobrir o possível mecanismo de resistência. Foram selecionados para estudo insectos de quatro populações diferentes. Os resultados revelaram que as quatro populações eram susceptíveis à dose de campo e à dose sub-letal de lambda-cialotrina e clorpirifos. Estes resultados estavam de acordo com Shahi et al. (2007). Estes encontraram uma elevada mortalidade nas baratas contra a lambda-cialotrina. Resultados semelhantes para a atividade dos piretróides foram observados por Enayati et al. (2007), que observaram a tendência para o desenvolvimento de resistência aos piretróides após aplicações sucessivas. Ali et al. (2015) registaram 80% de mortalidade na população de *P.americana* contra clorpirifos. Vários estudos mostraram a suscetibilidade de outros grupos de insectos contra a lambda-cialotrina e o clorpirifos, como a mosca da fruta e a mosca doméstica (Rabia et al., 2015; Sajida et al., 2011). O presente estudo mostrou que todas as populações testadas eram resistentes a diferentes doses de malatião.

Os métodos bioquímicos ajudam-nos a detetar o possível mecanismo de resistência nos insectos. Os resultados relativos à estimativa de enzimas revelaram níveis elevados de esterases não específicas na população tratada com malatião das quatro localidades. Isto indica a importância das esterases na resistência aos organofosforados nas baratas americanas. Os resultados actuais foram muito próximos dos de Roush (1993). O aumento do nível de esterases protege os insectos resistentes, ligando-se aos insecticidas em vez de os hidrolisar (Haubruge et al., 2002). A atividade das esterases não específicas foi comparativamente mais elevada nas populações de Lahore do que nas populações de Sargodha. No entanto, nas populações tratadas com lambda-cialotrina e clorpirifos, observou-se um ligeiro aumento das esterases não específicas, o que indica que as baratas podem vir a apresentar uma resistência baixa a moderada a estes compostos no futuro.

O papel da GST no metabolismo de organofosforados, piretróides e seus metabolitos está bem documentado na literatura (Hemingway et al., 2004). Foram observadas actividades mais elevadas de GST nas estirpes resistentes ao malatião nas populações das quatro localidades. Outros investigadores também registaram resultados semelhantes (Hemingway et al., 2004; Li et al., 2007). Os insectos de Sargodha apresentaram níveis comparativamente baixos de GST do que os das populações de Lahore. Da mesma forma, verificou-se um menor aumento da atividade das GST em animais tratados com lambda-cialotrina e clorpirifos. Estes resultados foram semelhantes às conclusões de Enayati et al. (2006, 2007). Segundo eles, a ordem de envolvimento de diferentes enzimas desintoxicantes na resistência aos piretróides é: esterases > oxidases > GSTs. Resultados semelhantes em relação ao papel das enzimas desintoxicantes na resistência foram observados por Enayati et al. (2003 e 2006).

O aumento da expressão de monooxigenases parece estar atualmente envolvido na resistência de insectos-praga (David, 2010). Foi observado um aumento do nível de monooxigenases em estirpes resistentes ao malatião da população de todas as localidades. Os nossos resultados foram semelhantes aos relatados por Hemingway (2004) e Ladonni (2006). No entanto, as baratas tratadas com lambda-cialotrina e clorpirifos apresentaram um nível ligeiramente superior de monooxigenases. As populações da cidade de Iqbal mostraram um aumento significativo do nível de monooxigenases quando tratadas com λ-cialotrina. Em geral, pensa-se que as monooxigenases estão fortemente envolvidas na desintoxicação, mas estão fortemente envolvidas no caso de resistência aos piretróides. Há resultados semelhantes documentados na literatura (Valles et al., 2000; Wei et al., 2001; Pridgeon et al., 2003).

O presente estudo revelou que a resistência aos insecticidas, em particular nas populações tratadas com malatião da cidade de Iqbal, se deve a um aumento da atividade das GST e das monooxigenases, enquanto outras populações da cidade de Al-Faisal, da colónia de Meher e da cidade de Aziz Bhatti mostraram que podem estar envolvidas esterases e monooxigenases não específicas. No caso das aves tratadas com lambda-cialotrina e clorpirifos, os níveis de esterases e monooxigenases não específicas eram elevados. Este nível elevado de enzimas é um indicador fiável do futuro desenvolvimento de resistência em P. *americana* contra estes insecticidas.

Conclui-se do presente estudo que o malatião já não deve ser utilizado para controlar as baratas na zona. A lambda-cialotrina e o clorpirifos são eficazes e podem ser utilizados economicamente na zona para controlar as baratas.

REFERÊNCIA

Agarwal, V.K., and Tilak, R., (2006).Field performance of imidacloprid gel bait against German cockroaches.*J. Med. Res*. **124**: 89-94.

Ahmed, S. e Wilkins, R. M. (2002). Estudos sobre algumas enzimas envolvidas na resistência a insecticidas em estirpes resistentes e susceptíveis ao fenitrotião de *MuscadomesticaL*. (Dipt, Muscidae*). J. Appl. Entomol*., **126**:510-516.

Aldridge, W.N. e Renier, E., (1972).Aminoácidos acilados em B-esterases inibidas. In: Enzyme Inhibitors as subtrates. Neuberger, A. e Tatum, A.l. (Eds).North-Holland, Amesterdão.pp170-175.

Ali, H., Iqbal1, F., Razzaq, W., Hameed Ur Rehman, Masood, Z. Iqbal, T. M. Khan, G. Munir, T. Kanwal, Z. (2015). Uma investigação sobre o uso operacional de inseticidas formulados locais no controle das populações de espécies de baratas, Periplanetaamericanae *Blattellagermanicain* As diferentes localidades da cidade de Quetta, no Baluchistão, Paquistão. *IJBMSP*., **5**: 2049-4963.

Ashraf, S., Khan, G. A., Ali, S. , Iftikhar, M. e Mehmood, N. (2014).MANEJO DE INSECTOS E DOENÇAS DOS CITRINOS: ON FARM ANALYSIS FROM PAKISTAN. *Pak. J. Phytopathol*, **26**: 301-307

Asperen, K. V. (1962). Um estudo de esterases de mosca doméstica por meio de um método colorimétrico sensível.*J. Ins. Physiol*., **8**: 401-416.

Azizi, K., Moemenbellah-Fard, M. D., Khosravani-Shiri, M., Fakoorziba, M. R. e Soltani, A. (2014). Efeitos letais e residuais dos insecticidas Lambdacyhalothrin, Deltamethrin e Cyfluthrin em mosquitos adultos de *Anopheles stephensi* Liston (Diptera: Culicidae) em diferentes superfícies. *J Health Sci Surveillance Sys., 2:30-35.*

Bautista, M. A. M., Tanaka, T. e Miyata, T. (2007). Identificação do citocromo P450 induzível por permetrina da traça-das-crucíferas, *Plutellaxylostella* (L.) e a possibilidade de envolvimento na resistência à permetrina. Pesticide Biochemistry and Physiology, **87**: 85-93.

Bradford, M. M. (1976). Um método rápido e sensível para a quantificação de quantidades de microgramas de proteínas utilizando o princípio da ligação proteína-corante. *Anal.Biochem.*,**72**: 248-254.

Brattsten, L. B. (1992). Potencial papel dos aleloquímicos das plantas no desenvolvimento da resistência aos insecticidas. Mecanismo molecular da resistência aos insecticidas, diversidade entre insectos. In: Série de Simpósios da Sociedade Americana de Química. Mullin, C.A., e Scott, J. G. WashingtonDC.Pp313-348.

Chien, C. e Dauterman, W. C. (1991).Estudos sobre glutationa S-transferases em Helicoverpa *(Heliothis) zea. Insect Biochem*, **21**: 857-864.

Daborn, P.J., Yen, J.L., Bogwitz, M.R., Le Goff, G., Feil, E., (2002). Um único alelo P450 associado à resistência a insecticidas em *Drosophila.* **Science297**: 2253-2256.

Dauterman, W.C., (1983). Papel das hidrolases e glutationa S-transferases na resistência aos insecticidas. In: Pest resistance to pesticides, (eds. Georghiou, G.P. e Satio, T.), Plenum press, Nova Iorque, 229-247.

Dauterman, W.C., (1985). Insect metabolism: extramicrosomal. Comprehensive insect physiology, biochemistry and pharmacology.Volume 12.Insect control.Pergamon press, Oxford, NewYork.713-730.

Devonshire, A. L. (1991). Papel das esterases na resistência dos insectos aos insecticidas.*Biochem. Soc. Trans.,***19:** 755-759.

Dmayanthi, B.T. and Karanaratne, S.H.P.P., (2005).Biochemical characterization of insecticide resistance of vegetables and predatory ladybird beetles in insect pests, *J. Natn. Sci. Foundation Sri Lanka*, **33**: 115-122.

Enayati, A. A. e Haghi, F. M. (2007). Bioquímica da Resistência aos Piretróides na Barata Alemã (Dictyoptera: Blatellidae) dos Hospitais de Sari, *Irão. Biomed. J.,* **4**: 251258.

Enayati, A. A. Ranson, H. e Hemingway, J. (2006). Transferases de glutationa de insetos e resistência a inseticidas.*Insect Mol. Biol.,***14:** 3-8.

Enayati, A.A., Vatandoost, H., Ladonni, H., Towson, H., Hemmingway, J., (2003). Provas moleculares de um mecanismo de resistência aos piretróides do tipo kdr no mosquito vetor da malária *Anopheles stephensi. Med. Vet. Entomol.***17**: 138-144.

Feyereisen, R. (2005). Citocromo P450 de insectos. In: Comprehensive Molecular Insect Science Gilbert, L. I., Iatrou, K. e Gill, S. S. (Eds). Elsevier, Oxford. pp 1-77.

Gakuta, T. e Toshiro, A. (2000). A perturbação do gene microsomal glutathione S-transferases like reduz o tempo de vida da Drosophila melanogaster. *Gene,* **253:** 179-187.

Gui, Z., Hou, C., Liu, T., Qin, G., Li, M. e Jin, B. (2009). Efeitos de vírus de insectos e pesticidas na atividade da glutationa S-transferase e na expressão genética em *Bombyxmori. J. Econ. Entomol.,***102**: 1591-1598.

Habig, W. H., Pabst, M. J. e Jakoby, W. B. (1974).Glutationa S-transferase, o primeiro passo enzimático na formação do ácido mercaptúrico.*J. Biol. Chem.*, **249**:7130-7139.

Haubruge, E., Amichot, M., Cuany, A., Berge, J. B. e Arnaud, L. (2002). Purificação e caraterização da carboxilase envolvida na resistência específica ao malatião do Tribolium castaneum. *Insect. Biochem. Mol. Biol.* **32:** 1181-1190.

Hayes, J. D., e Pulford, D. J., (1995). The glutathione S-Iransferasesupergenefamily - Regulation of GST and contribution of the isoenzymes to cancer chemoprotection and drug resistance.*Crit. Rev. Biochem. Mol. Biol.***30**: 445-600.

Hayes, J. D., Flanagan, J.U. e Jowsey, I.R., (2005). Glutationa transferases.*Annu. Rev. Pharma. Toxicol.,* **45**: 51-88.

Hbig, W. H., Pabst, M. J. e Jakoby, W. B. (1974).Glutationa S-transferase, o primeiro passo enzimático na formação do ácido mercaptúrico.*J. Biol. Chem.,***249**: 7130-7139.

Hemingway, J. (2000). A base molecular de dois mecanismos metabólicos contrastantes de resistência a insecticidas.*Insect Biochem. Mol. Biol.*, **30:** 101-109.

Hemingway, J. e Ranson, H. (2000).Insecticide resistance in insect vectors of human diseases.*Annu. Rev. Entomol*, **45:** 371-391.

Hemingway, J., Hawkes, N. J., McCarroll, L. e Ranson, H. (2004). A base molecular da resistência aos insecticidas em mosquitos.*Insect.Biochem. Mol. Biol.,***34:** 653-665.

Hsu, J.C., Wu, W.J., Feng, H.T., (2004). Mecanismos bioquímicos de resistência ao malatião na mosca da fruta oriental (*Bactroceradorsalis*). *Plant Prot. Bull.* **46**: 255-266.

Ishaaya, I., (1993). Enzimas desintoxicantes de insectos: A sua importância no sinergismo e na resistência aos pesticidas. *Arch. Insect. Biochem. Physiol.*, **22**: 263-276.

Jacobs, S. (2002). Baratas americanas *Periplanetaamericana*(L.) S Extension Associate.www.psu.edu/copyright.

Jakobsson, P. J., Morgenstern, R., Mancini, J., Ford-Hutchinson, A. e Persson, B. (1999). Common structural features of MAPEG a widespread superfamily of membrane associated proteins with highly divergent functions in eicosanoid and glutathione metabolism. *Protein Sci.,***8**: 689-692.

Karunaratne, S.H.P.P., e Weerakon, K.C., (2007).Envolvimento de mecanismos metabólicos e insensíveis de acetilcolinaesterase na resistência a insecticidas de pragas de insectos do arroz e populações predadoras de Batalagoda, Sri Lanka.*J. Natn. Sci. Foundation.*, **35(2)**: 103-108.

Kasai, S. e Scott, J. G. (2000). A sobreexpressão do citocromo P450 CYP6D1 está associada à resistência aos piretróides mediada por monooxigenase em moscas domésticas da Geórgia. *PesticBiochem Physiol,* **68:** 34-41.

Li, W., Petersen, R. A., Schuler, M. A. and Berenbaum, M. R. (2002).*CYP6B* cytochrome P450 monooxygenases from Papiliocanadensisand *Papilioglaucus*: potential contributions of sequence divergence to host plant associations. *Insect Mol. Biol.*, **11**: 543-551.

Li, X., Schuler, M. A. e Berenbanm, R. (2007). Mecanismo molecular de resistência metabólica a xenobióticos sintéticos e naturais. *Annu. Rev. Entmol.,* **52**: 231-253.

Liu, N. N. e Yue, X. (2000). Resistência a insecticidas e resistência cruzada na mosca doméstica (Diptera: Muscidae). *J. Econ.Entomol.*,**93**: 1269-1275.

Malcolm, C.A., (1988). Situação atual da resistência aos piretróides em Anophelines.*Parasitol.Today.***4**: S13-S15.

Naseem, S., Tahir, H. M., Yaqoob, R. & Mustafa, R. (2011). Suscetibilidade de Musca domestica (Diptera: Muscidae) a λ-Cyhalothrin e Chlorpyrifos no distrito de Sargodha. BIOLOGIA, **57**: 105-110.

Nasirian, H. (2007).Duration of Fipronil and Imidacloprid Gel Baits Toxicity against *BlattellagermanicaStrains* of Iran.*Journal of Arthropod-Borne Diseases*, **1**:40-47.

Nasirian, H. (2008).Eliminação rápida da barata alemã, *Blatellagermanica*, por iscas de gel de Fipronil e Imidacloprid.*Journal of Arthropod-Borne Diseases*, **2**:37-43.

Nordhus, E.G.M., (2005). Métodos moleculares na identificação de espécies de Liriomyza spp. e no estudo da resistência a insecticidas em *Liriomyza spp., Bemisiatabacia* e *Myzuspersicae*.PhD. Tese Scientiarum da Universidade Norueguesa de Ciências da Vida, Universidade de Miljogbiovitenskap.

Nwane, P., Etang, J., Chouaibou, M., Toto, J. C., Kerah-Hinzoumbe, C., Mimpfoundi, R., Awano-Ambene, H. P. e Simard, F. (2009). Tendências da resistência ao DDT e aos piretróides na população de *Anophelesedambiaes*.s. de ambientes urbanos e agro-industriais no sul dos Camarões. *BMC. Infect. Dis.,* **9**: 163.

Oppenoorth, F. J. (1984). Bioquímica da resistência aos insecticidas. *Pestic.Biochem.Physiol*., **22**: 187-193

Pearson, W. R. (2005). Filogenias das famílias de glutationa transferase.*Methods Enzymol.*,**401**: 186-204.

Prabhu, K. S., Reddy, P.V. e Gmpricht,G. (2001). Glutationa microssomal S- transferaseA1-1 com atividade de glutationa peroxidase de fígado de ovelha: clonagem molecular, expressão e caraterização. *BiochemJ., **360**: 345-354.*

Pridgeon, J. W., Zhang, L. e Liu, N. (2003). Sobreexpressão do CYP4G19 associada a uma estirpe resistente aos piretróides da barata alemã, *Blattella germanica* (L.). *Gene, **314***: 157-163.

Ranson, H. e Hemingway, J. (2005).Mosquito glutationa transferases.Review.*Methods Enzymol.,**401***: 226-241.

Roush, R. T. (1993). Parasitology Today, ***9:*** 174-179

Scott J, G. (1999). Citocromos P450 e resistência a insecticidas.*J. Insect Biochem. Mol. Biol.*, ***29:*** 757-777.

Scott, J. A., (1995). The Molecular geneticsof resistance: A resistência como resposta ao stress. Kampling-bushlandUSDA livestock insect research laboratory; Agricultural research service. Kerrville, TX78028-9184.*Florida Entomologist*, **78**: 399-414

Scott, J. G. (2008).Insect cytochrome P450s: Pensar para além da desintoxicação. Avanços recentes na fisiologia dos insectos. *Mol. Biol.*, **37**: 117-124.

Serviço MW. *Medical entomology for students*. 3ª ed. Reino Unido: Cambridge University Press; 2004 p. 210.

Shahi, M., Hanafi-Bojd, A. e Vatandoost, H. (2007). "Evaluation of Five Local Formulated *Insecticides against German Cockroach (BlattellagermanicaL.) in Southern Iran" Iranian J Arthropod-Borne Dis.,**2**: 21-27.*

Soderlund, D. M. (2005).Sodium channels. In: Comprehensive Molecular Insect Science. Gilbert, L. I., Iatrou, K. e Gill, S. S, (eds). Elsevier Pergamon. pp 1-24.

*Sogorb, M. A. e Vilanova, E. (2002). Enzimas envolvidas na desintoxicação de insecticidas organofosforados, carbamatos e piretróides por hidrólise. Txicol.Lett.,***128***: 215-228.*

Stankus, R.P., Horner, E., e Lehrer, S.B. (1990).Identificação e caraterização de alergénios de baratas importantes.Journal of allergy and clinical immunology **86**: *781787.*

*Synder, M. J., Walding, J. K. e Feyereisen, R. (1995). Glutationa S-transferase do intestino larval de Manducasextamidgut: sequência de dois cDNAs e indução enzimática. Insect Biochem. Mol. Biol.,***25:**455-465.

Tate, L. G., Nakat, S. S. e Hodgson, E. (1982).Comparação da atividade de desintoxicação no intestino médio e no corpo adiposo durante o desenvolvimento do quinto instar do verme do chifre do tabaco, *Manducasexta. Comp. Biochem. Physiol.*, **72:** 75-81.

Valles, S. M., Dong, K. e Brenner, R. J. (2000). Mecanismos responsáveis pela resistência à cipermetrina numa estirpe de barata alemã, *Blattella germanica. Pestic. Biochem. Physiol*, **66**: 195-205.

Varma, D. M., Gold, G. T., Taub, P. J., Steven, B. e Nicoll, S. B. (2015). Desenvolvimento de hidrogéis de metilcelulose reticulados para aumento de tecidos moles usando um sistema redox de persulfato de amónio-ácido ascórbico. *Carbohydrate Polymers,* **134**: 497-507.

Vulule, J. M., Beach, R. F., Atieli, F. K., McAllister, J. C., Brogdon, W. G., Roberts, J. M., Mwangi, R.W. e Hawley, W. A. (1999). Níveis elevados de oxidase e esterase associados à tolerância à permetrina em *Anopheles gambiae* de uma aldeia do Quénia que utiliza redes impregnadas de permetrina. *Med. Vet. Entomol.,***13:** 239-244.

Wei, S. H., Clark, A. G. e Syvanen, M. (2001). Identificação e clonagem de uma glutationa S-transferase metabolizadora de inseticida chave (MdGST) de uma estirpe hiper-resistente a insecticidas da mosca doméstica *Musca domestica, Insect Biochem. Mol. Biol.,* **31**:11451153.

Wen, Z., Pan, L., Berenbaum, M. B., e o académico M. A., (2003). Metabolismo de furanocumarinas lineares e angulares por *Papiliopolyxenes* CYP6B1 co-expresso com NADPH citocromo P450 redutase. *Ins. Biochem. Mol. Biol.,***33:** 937-047.

OMS, (1992).Prevenção, diagnóstico e tratamento do envenenamento por insecticidas.OMS/VBC/84.

889.

OMS (1957). Insecticidas.7º relatório do comité de peritos em insecticidas.WHO.*Tech. Rep. Ser.* 125.

Yang, Z., Yang, H. e He, G. (2007). Clonagem e caraterização de dois cDNAs do citocromo P450 CYP6AX1 e CYP6AY1 de NiloparvatalugensStal (Homoptera: Delphacidae). *Arch. Insect. Biochem Physiol.,***64:** 88-99.

Yaqoob, R., Tahir, H. M., Naseem, S., Ahmed, K. e Yaqub, A. (2015). Suscetibilidade de Bactocera dorsalis adulto (Diptera: Tephritidae) a inseticidas químicos comumente usados. Jornal de Zoologia do Paquistão, **47**: 280-282.

Printed by Books on Demand GmbH, Norderstedt / Germany